動物のちえ ❷

身を守る(み)(まも)ちえ

とがった毛を逆立てるヤマアラシ(け)(さか)(だ) ほか

元井の頭自然文化園園長 **成島悦雄** 監修

動物にとって、身を守ることは、とても大切なこと。
寒さや暑さ、病気、おそって食べようとする敵など、
命をおびやかすものは、たくさんあります。
動物は、生きのびるために、あらゆるものから
自分の身を守らなければなりません。

動物には、ふつう、
すんでいる場所の気温や、そのほかの環境に合わせて、
生きていくのに必要な体のつくりが備わっています。

雪と氷に閉ざされた場所でくらすホッキョクギツネは、
分厚い体毛で、寒さから身を守っています。

ホッキョクギツネには、分厚い体毛のほかにも、
寒さから身を守るための、
特別な体のつくりが備わっています。

それは、小さい耳です。
空気に当たる、出っぱった部分を小さくすることで、
体からにげる熱を、できるだけ少なくするのです。

ホッキョクギツネ

分厚い体毛のおかげで、マイナス70度の寒さでも動きまわることができる。白い冬毛は雪と見分けにくく、えものに近づくときのカムフラージュにもなる。

分類 ● ほ乳類ネコ目（食肉目）イヌ科
体長 ● 46〜68cm
尾長 ● 26〜43cm　体重 ● 2.5〜9kg
食べ物 ● ネズミや鳥、果実など
生息環境 ● 夏でもコケや草しか生えない寒い土地
分布 ● 北アメリカ、ユーラシア北部

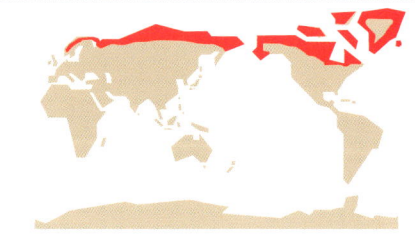

熱い砂漠にすむ、キツネのなかまのフェネックは、
ホッキョクギツネとは反対に、
たいへん大きい耳をしています。

この大きい耳には、太い血管が通っていて、
風が当たると、体の余分な熱がにげて、
体温が上がりすぎてしまうのを
防ぐはたらきがあります。

フェネック

世界最小のキツネ。体の大きさに対して耳が大きく、長さは15センチメートルほどもある。

分類 ● ほ乳類ネコ目（食肉目）イヌ科
体長 ● 25〜40cm　尾長 ● 18〜30cm
体重 ● 0.8〜1.5kg
食べ物 ● ネズミやトカゲ、昆虫や植物など
生息環境 ● 砂漠
分布 ● アフリカ北部（サハラ砂漠）

寒さや暑さ、病気から身を守るちえ

動物には、ホッキョクギツネの体毛や耳のように、
寒さや暑さ、病気などから身を守るための、
工夫された体のつくりが備わっています。
しかし、動物のなかには、さらに、
さまざまなちえをしぼって、身を守るものもいます。

やけどするほど砂が熱くなる
砂漠でくらす、ヒラタカナヘビ。

敵におそわれそうになったときや、
あまりにも熱いときには、
砂の中にもぐって、身を守ります。

砂の中は、敵に見つかりにくくて
安全なうえ、表面の熱さに比べて、
だいぶすずしいのです。

けれど、ずっともぐってばかりで、
飲まず食わずではいられないので、
必要なときには、熱い砂の上にも
出ていかなくてはなりません。

そこでヒラタカナヘビは、
ちえをしぼりました。

ヒラタカナヘビは、熱い砂の上に立ちどまるとき、
足が熱くて、がまんできなくなると、
前足と後ろ足を片方ずつ、ひょいっと上げます。
そして器用に、かわるがわる上げる足をかえて、
砂で熱くなった足の裏を冷ますのです。

また、夜になると反対に、
砂漠の気温は、うんと下がります。
そのため朝は、ヒラタカナヘビの体も冷えきって、
そのままでは動くことができません。

ここでもヒラタカナヘビは、ちえを使います。

太陽に温められた砂の上に、腹ばいになって、
体を温めるのです。

ヒラタカナヘビ

頭が平たい。シャベルのような口先を使って砂をほり、素早く砂にもぐりこむことができる。

分類 ● は虫類有鱗目カナヘビ科
全長 ● 約23cm
食べ物 ● 昆虫など
生息環境 ● 砂漠
分布 ● アフリカ南西部（ナミブ砂漠）

ニホンザル

世界でもっとも北にすむサル。なかまとの毛づくろいは、たがいに安心感をあたえ、よりよい関係を築くことにも役立っている。

分類●ほ乳類サル目（霊長目）オナガザル科
体長●オス 54〜61cm
　　　メス 47〜60cm　尾長●7〜12cm
体重●オス 10〜15kg
　　　メス 7〜13kg
食べ物●葉、芽、果実、昆虫など
生息環境●森林
分布●日本（本州〜九州）

ニホンザルの体には、さまざまな小さな虫が、
血を吸ったり、卵を産みつけたりするために
つきます。

虫や、虫の卵がつくと、病気になることがあるので、
どうにかして、取りのぞかなければなりません。
でも、頭や背中についた小さな物を見つけ、
取りのぞくのは、かんたんなことではありません。

そこでニホンザルは、ちえを使います。

なかまどうしで、相手の体についた虫や、
虫の卵を取りあうのです。
そうすれば、頭や背中についた虫や、その卵も、
取りのぞくことができます。

体の大きいゾウにも、虫はつきます。
でも、ゾウは、サルのように、手を使って
虫を取りのぞくことはできません。

そこでゾウは、ちえをしぼりました。

水浴びや砂浴び、どろ浴びをして、
体についた虫を落とすのです。
とくに、どろ浴びには、
あとでかわいたどろが体をおおって、
虫がつくのをふせぐはたらきもあります。

どろだらけになったゾウは、うれしそう。
きっと、気持ちがよいのでしょう。

アフリカゾウ

血のつながったメスを中心とした群れでくらす。どろ浴びには、体毛の少ないゾウの皮ふを、強い紫外線から守るはたらきもある。危急種。

分類 ● ほ乳類ゾウ目(長鼻目)ゾウ科
体長 ● 6〜7.5m　尾長 ● 1〜1.5m
体重 ● オス最大7.5t　メス 2.4〜3.5t
食べ物 ● 草や木の葉
生息環境 ● 開けた森林や草原
分布 ● アフリカ

カケスという鳥も、虫を追いはらうのに、
ちょっと変わったちえを使います。

つばさを広げ、全身の羽毛を逆立てて、
アリの巣の上に座るのです。
すると、おこったアリは、巣から出てきて
カケスの体をはいまわり、
おしりから「ぎ酸」という毒を出します。
カケスについていた虫は、その毒がいやで
にげ出し、いなくなるというわけです。

カケスのこの行動は、
アリを使うので、「アリ浴び」とよばれます。

カケス

カラスのなかま。アリ浴びをするときは、くちばしでアリをつまみ上げ、羽にこすりつけることもある。

分類 ● 鳥類スズメ目カラス科
全長 ● 約33cm
体重 ● 110〜200g
食べ物 ● 昆虫　果実
生息環境 ● 森林
分布 ● ヨーロッパ〜アジア

かくれて身を守るちえ

動物は、寒さや暑さ、病気から身を守るだけでは、生きていけません。
ほかの動物に食べられないようにすることが、なによりも大切です。
そのためには、敵に見つからないよう、かくれるのがいちばん。
動物はせいいっぱい、ちえをはたらかせ、じょうずにかくれて、身を守ります。

ライチョウは、高い木があまり生えない、
かくれる場所の少ない高山で、くらしています。

夏は、ライチョウのひなが誕生する季節です。
この時期は敵にねらわれやすいので、ひなも親鳥も、
まわりのようすにた、茶色っぽい羽毛をまとっています。
この体で、地面にうずくまってじっとしていれば、
まず、敵に見つかることはありません。

ところが、高山に冬がくると、あたり一面、雪で真っ白。

こうなると、ライチョウは、夏の茶色っぽい羽毛では、雪の上でめだってしまい、危険です。

でも、だいじょうぶ。
そのころには、ライチョウの羽毛はすっかり生えかわり、雪と同じ、真っ白な姿に変身しているのです。

ライチョウ

寒さのきびしい高山にすむ。雪の上でこごえぬよう、足も羽毛でおおわれている。絶滅危惧種。

分類	鳥類キジ目キジ科
全長	約37cm
体重	300〜600g
食べ物	葉、芽、花、果実、昆虫など
生息環境	高山
分布	日本（本州中部）

メジロダコには、敵から身を守るために、
いつも持ちあるいているものがあります。
このメジロダコが持っているのは、
大きな二枚貝の貝がらです。

貝がらを、足の吸ばんにくっつけて、
まるで、人間がつま先立ちで歩くように、
海の底を移動していきます。

メジロダコは、どのように
ちえをはたらかせて、この二枚貝で
身を守るのでしょうか。

メジロダコは、休むのによさそうな場所を見つけると、持ちあるいていた貝がらを上下合わせて、中に入りました。そして、目だけ出して、外のようすをうかがっています。

メジロダコのくらす砂底には、かくれる場所が少ないので、いつでも、どこでも、安心して休むことができるように、苦労して、大きな貝がらを持ちあるいていたのです。

メジロダコは、自分の体をかくすことができるものなら、人間が海に捨てた空きびんや、ヤシの実のからなども、なんとかして持ちあるきます。

メジロダコ

暖かい海でくらす中型のタコ。赤っぽい体に、あみの目のような模様がある。8本の足の白い吸ばんがめだつ。

分類 ● 軟体動物タコ目（八腕目）マダコ科
体長 ● 25〜30cm
食べ物 ● 貝、カニ、エビなど
生息環境 ● 水深100〜200mの砂底
分布 ● 西太平洋、日本（南部）

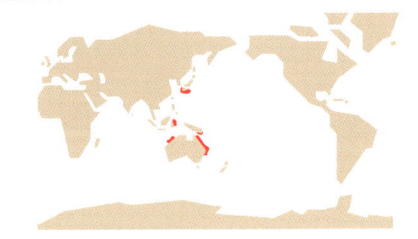

森にすむハイイロタチヨタカも、
かくれるのが得意。
夜に飛びまわって虫を食べ、
昼間は木にとまって休みますが、
休んでいるときに
敵に見つかったら、たいへん。

そこでハイイロタチヨタカは、
ちえを使います。

ハイイロタチヨタカ
夕方や早朝のうす暗い時間帯に活動する。飛んでいる昆虫を、大きな口でとらえて食べる。
分類 ● 鳥類ヨタカ目タチヨタカ科
全長 ● 約38cm
食べ物 ● 昆虫
生息環境 ● 熱帯の開けた森林
分布 ● 中央アメリカ〜南アメリカ

ハイイロタチヨタカは、木にとまって休むとき、
まず、めだつ大きな目を、しっかり閉じます。
そして、あごを上げて、体を細長くのばし、
木の枝に、そっくりな形になるのです。

どこにかくれているか、わかりますか。
見つけてみてください。
動かなければ気がつかないほど、
じょうずにかくれていますよ。

にげて身を守るちえ

動物がちえをしぼって、どんなにじょうずにかくれても、
敵もさるもの、見つかってしまうこともあります。
ただし、その場合でも、動物はおとなしく、食べられてしまうわけではありません。
見つかった動物の多くが次にとる行動は、にげることです。
動物は、さまざまにちえをしぼり、せいいっぱいにげて、身を守ります。

オーストラリアにすむエリマキトカゲは、
体が、まわりのようすによくにた、
めだたない色と模様をしています。
危険を感じると、じっとして動かないので、
かんたんには敵に気づかれません。

しかし、それでも見つかってしまったとき、
エリマキトカゲは、ちえを使います。

エリマキトカゲ

首のまわりのえりのような皮ふの中には、細くてじょうぶな骨があり、広げると直径30センチメートルほどにもなる。

分類 ● は虫類有鱗目アガマ科
全長 ● 60〜90cm
食べ物 ● 昆虫、ほかのトカゲなど
生息環境 ● 熱帯の森や、かわいた林
分布 ● オーストラリア北部、ニューギニア島南部

敵の目の前で、首のまわりのえりのような皮ふを
バサッと勢いよく広げて、できるだけ自分を大きく見せるのです。
さらに、口も大きく開けて、敵をおどします。

そして、敵がひるんで
動けなくなっているすきに、
後ろ足で立ち上がり、
すたこらさっさと
走ってにげるというわけです。

ノウサギはいつも、
大きな耳をあっちこっちへ向けながら、
まわりの物音を注意深く聞いて、
危険がないかどうかを、気にしています。

そして万が一、敵が近づいてきたら、
近くの物かげや、しげみに急いでにげこみ、
動かずにじっとしています。

ところが、それでも敵がせまってきたら、
ノウサギは、しげみからザッと飛びだして、
全速力で走ってにげます。

走ってにげるといっても、
がむしゃらに、まっすぐ走って
にげるわけではありません。
ここでノウサギは、ちえを使います。

目くらましに、わざと右へ左へと
ジグザグにジャンプして、
敵が予測できない動きで、
にげのびるのです。

ノウサギのなかま

32種が知られている。後ろ足が長く、走るのに適している。大型の種では、最高時速は80キロメートルにもなる。

分類●ほ乳類ウサギ目ウサギ科　全長●40〜76cm　体重●1.3〜5kg
食べ物●葉、芽、枝、樹皮など　生息環境●開けた草原、森林
分布●アフリカ、北アメリカ、ユーラシア、日本

にげないで身を守るちえ

動物のなかには、敵に出会ったとき、さまざまにちえをしぼり、その場からにげないで、身を守るものがいます。

アルマジロは、皮ふの大部分が、かちかちのかたいうろこになっています。
たいていの敵には、かみつかれてもだいじょうぶなのですが、
おなかの部分にはうろこがないので、そこをねらわれたら、たいへんです。

そこでアルマジロは、ちえを使います。

アルマジロは、敵に出会うと、足を縮めて、くるんとダンゴムシのように丸まります。

そして、うろこにおおわれた背中や頭、尾をジグソーパズルのピースのように合わせて、体全体を、よろいでおおったようにするのです。

敵は、このよろいをこじ開けることができずにあきらめて、どこかへ行ってしまいます。

ミツオビアルマジロ

ほ乳類だが、体毛はあまりない。丸まって身を守っても、ジャガーなど、大型の肉食動物には、食べられてしまうことがある。危急種。

分類 ● ほ乳類アリクイ目（貧歯目）アルマジロ科
体長 ● 22〜27cm　尾長 ● 6〜8cm
体重 ● 1〜1.6kg
食べ物 ● アリなどの昆虫、動物の死がい、植物など
生息環境 ● かわいた草原や、やぶ
分布 ● 南アメリカ中央部

カエルには、身を守る、かたいうろこはありません。
ヘビなどの敵にねらわれたとき、多くのカエルは、
長い後ろ足で、ぴょーんとジャンプして、にげます。

しかし、体の大きいヒキガエルは、ジャンプが苦手。
敵に追いつめられたら、どうするのでしょうか。
ここでヒキガエルは、ちえを使います。

体を丸くふくらませ、4本の足をいっぱいにのばし、
自分をうんと大きく見せて、敵をおどすのです。

これで敵がおどろいて、あきらめてくれれば、
ヒキガエルはなんとか、生きのびることができます。

ヨーロッパヒキガエル

さまざまな環境にすむ。夜行性。目の後ろの皮ふから、毒液を出すことでも身を守るが、ヘビのなかには、この毒が効かないものもいる。

分類 ● 両生類無尾目ヒキガエル科
体長 ● 6.5〜9cm
食べ物 ● 昆虫、クモなど
生息環境 ● 森林、草原、農耕地など
分布 ● ヨーロッパ、西アジア、アフリカ北部

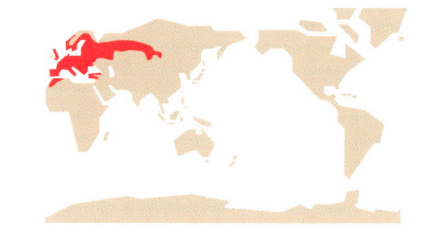

よろいも持たず、敵をおどしもせず、
ちえだけをしぼりにしぼって、
身を守る動物もいます。

なかでも有名なのは、
木登りもじょうずな、オポッサム。
さて、どうするのでしょうか。

敵に追いつめられたオポッサムは、ばったりたおれて、
目を閉じ、舌を出して、死んだふりをするのです。
動物には、えものが死んでいるとわかると、
とたんに見向きもしなくなるものがいることを、
オポッサムは知っているのでしょう。

しかし、おどろくのは、まだ早いかもしれません。

死んだふりをしているオポッサムは、呼吸や心臓の動きが
だんだんおそくなって、ついには止まってしまうのです。
これで敵は、オポッサムが死んだとすっかり信じこみます。

やがて敵がその場を立ちさると、しばらくして、
オポッサムは息をふきかえして立ち上がり、
あたりのようすをうかがってから、まんまとにげ去ります。

キタオポッサム

さまざまな環境でくらし、なんでも食べる。おなかの袋で子育てをする有袋類のなかま。

分類 ● ほ乳類オポッサム目（有袋目）オポッサム科
体長 ● 37~45cm　尾長 ● 28~37cm
体重 ● 1.1~2.5kg
食べ物 ● 昆虫、小動物、動物の死がい、果実
生息環境 ● 森林、草原、民家のそばなど
分布 ● カナダ～中央アメリカ

立ちむかって身を守るちえ

動物には、敵に出会ったとき、かくれも、にげもしないで、ちえをしぼり、敵に立ちむかって、身を守るものもいます。

アフリカにすむヤマアラシは、背中から、わき腹、しっぽにかけて、体の毛の一本一本が、針のように、かたくとがっています。
ヤマアラシは、このとがった毛を武器に、敵に立ちむかいます。

ヤマアラシは、敵に出会うと、
まず、針のようにとがった毛をゆすって
カシャカシャと音を出し、敵をおどします。

それでもだめなら、毛をいっせいに逆立て、
くるっと向きを変えて、敵におしりを向けます。
そして、後ろむきに突進して、
とがった毛を敵の体につきさします。

この毛の先は、とてもするどく、
ささると折れて、かんたんにはぬけません。
強いライオンにとっても、
ヤマアラシは、手ごわい相手です。

アフリカタテガミヤマアラシ

夜行性で、昼間は地面にほった巣穴などで休んでいる。体の針は毛が変化したもので、とてもするどく、かたい。

分類 ● ほ乳類ネズミ目（げっ歯目）ヤマアラシ科
体長 ● 60〜83cm　体重 ● 13〜27kg
食べ物 ● 草、木の根、球根、果実など
生息環境 ● かわいた草原や林
分布 ● イタリア、アフリカ

スカンクは「おなら」をする動物として、
知られています。
スカンクにとって、「おなら」は、敵に
立ちむかって、身を守るためのちえです。

敵に出会うと、スカンクはまず、
背中を弓なりに曲げて、
しっぽを高く上げ、
自分を大きく見せます。
さらに、足をふみならして、
敵をおどします。

しかし、そのようにおどしても
相手がにげないとき、いよいよ、
最後の手段「おなら」を使うのです。

敵に追いつめられたスカンクは、
くるっと体の向きを変えて、敵におしりを向け、
肛門のそばにある小さい穴から、
相手の顔めがけて、液体を発射します。

この液体がとてもくさいので、
敵はあわてて、にげだすというわけです。
液体には、くさいにおいだけでなく、毒もあり、
目に入ると、しばらく目が見えなくなります。

シマスカンク

白黒のめだつ体毛は「くさい毒の武器をもっている」というしるしで、たいていの敵は、スカンクが尾をふり上げただけでにげる。毒液は3メートルほども飛び、においは風下へ1.6キロメートルほども届く。

分類 ● ほ乳類ネコ目（食肉目）イタチ科　体長 ● 25〜40cm
尾長 ● 18〜45cm　体重 ● 0.7〜2.5kg
食べ物 ● 果実、昆虫、ネズミなど
生息環境 ● 森林、草原、農耕地、市街地など
分布 ● 北アメリカ

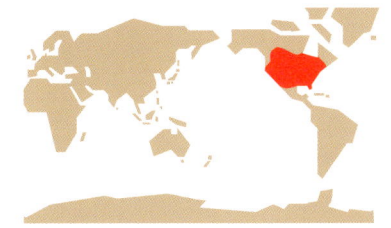

寒く冷たい、北の大地にくらすジャコウウシは、
どうどうとした大きな体に、
毛の長さが65センチメートルほどもある
分厚い体毛をまとっています。

しかし、りっぱな体のジャコウウシにも、
おそって食べようとする敵はいます。
ねらわれるのは、おもに体の小さい子どもです。

とくにホッキョクオオカミが何頭かでおそってくる、
息の合った狩りには、注意をしなければなりません。

ジャコウウシは、ホッキョクオオカミに出会うと、
ねらわれやすい子どもを守るため、
群れのみんなで、ちえをしぼります。

ジャコウウシ

大きな角は、曲がって生えている。食べ物の少ない
冬には、ひづめで雪の下の植物をほり出して食べる。

分類 ● ほ乳類ウシ目（偶蹄目）ウシ科
体長 ● 1.9〜2.3m　体重 ● 200〜650kg
食べ物 ● 草、木の葉、ノイチゴ、コケなど
生息環境 ● 低い木や草、コケなどしか生えない寒冷な土地
分布 ● 北アメリカ北部

敵におそわれたとき、ジャコウウシは、
頭を外に向け、丸く輪になって、ならびます。
そして、子どもを輪の内側に入れて、敵から守るのです。

こうすれば、360度、どこからおそわれても、
角をふるって、敵を追いはらうことができます。

冷たい風が強くふきつけるときにも、
同じようにみんなで輪をつくり、
子どもを輪の内側に入れて、
寒さから守ります。

動物はそれぞれ、生きのびるために、
さまざまにちえをはたらかせて、身を守っています。

しかしそれは、いつもうまくいくとはかぎりません。
あやうく助かることもあれば、死ぬこともあります。

それでも動物たちは、けっしてあきらめることなく、
ちえをしぼり、身を守っています。

動物の身を守るちえ

　動物のまわりには、命をおびやかす危険がたくさんあります。たとえば、きびしい寒さのなかにいると、こごえてしまいます。長い時間、暑い日差しの下にいると、熱中症を起こします。寄生虫が動物の体につくと、病気を引きおこします。さらには、おそって食べようとする敵もいます。
　さまざまな危険に対して、動物がなにもしなければ、最悪の場合、自分の命を落とすことになるかもしれません。動物は危険をさけるため、「ちえ」をはたらかせて自分の身を守り、子孫を残してきました。
　暑さや寒さなど、くらしにくい環境に対しては、体のつくりをかえることに「ちえ」をはたらかせました。たとえば、外の気温に関係なく、体温を一定に保つ「恒温動物」の場合、近いなかまのなかでは、寒い場所にすむ種類ほど、大きな体をしています。体が大きいほど、体から熱がにげにくいからです。さらに、寒い場所でくらす動物の尾や鼻先、耳など、体から出っぱった部分は、短くなったり、小さくなったりしています。これも、体の熱をできるだけ外ににがさないための「ちえ」です。
　寄生虫が引きおこす病気に対しては、どろ浴びなどをして体を清潔に保ち、体に寄生虫がつくのを防ぎます。
　おそって食べようとする敵に対しては、かくれる、にげる、おどかす、立ちむかうなど、いろいろな「ちえ」を使って、危険をさけています。
　この本に登場する動物のように、身を守る方法は動物の種類によってさまざまですが、それは、それぞれが長い時間をかけて身につけてきた「ちえ」なのです。

　　　　　　　　　　　　　　　　　　　　　　　　　　　成島悦雄（元井の頭自然文化園園長）

体のわきの飛まくを広げ、高い木から飛んで敵からにげるブランフォードトビトカゲ

監修

成島悦雄（なるしま・えつお）
1949年、栃木県生まれ。1972年、東京農工大学農学部獣医学科卒。上野動物園、多摩動物公園の動物病院勤務などを経て、2009年から2015年まで、井の頭自然文化園園長。著書に『大人のための動物園ガイド』（養賢堂）、『小学館の図鑑NEO 動物』（共著、小学館）などがある。監修に『原寸大どうぶつ館』（小学館）、『動物の大常識』（ポプラ社）など多数。翻訳に『チーター どうぶつの赤ちゃんとおかあさん』（さ・え・ら書房）などがある。日本獣医生命科学大学獣医学部客員教授、日本野生動物医学会評議員。

写真提供	ネイチャー・プロダクション、アマナイメージズ、AUSCAPE、Biosphoto、FLPA、Minden Pictures、National Geographic、Nature Picture Library
ブックデザイン	椎名麻美
校閲	川原みゆき
製版ディレクター	郡司三男（株式会社DNPメディア・アート）
編集・著作	ネイチャー・プロ編集室（三谷英生・佐藤暁）

※この本に出てくる動物の名前は、写真で取り上げている動物に合わせて、種名、亜種名、総称など、さまざまな表記をしています。
※この本に出てくる鳥の分類は、『日本鳥類目録 改訂版第7版』（2012年、日本鳥学会）を参考にしています。
※この本に出てくる動物のなかには、絶滅のおそれがある動物もいます。本書では、国際自然保護団体である国際自然保護連合（IUCN）の作成した「レッドリスト2013」（絶滅のおそれのある野生動植物リスト）をもとに、絶滅の危険性の度合いの高いものから、順に「近絶滅種」「絶滅危惧種」「危急種」として紹介しています。
※渡り鳥の分布は3色に色分けされていますが、色分けは目安で、実際の分布と同じではありません。

分類● 特徴がにた動物をまとめて整理したもの　**全長**● 体長と尾長を足した長さ　**体長**● 頭から尾のつけ根までの長さ
尾長● 尾のつけ根から先までの長さ　**体重**● 体全体の重さ　（尾長と体重は、データをのせていないものもあります）
食べ物● おもな食べ物　**生息環境**● くらしている自然環境　**分布**● くらしている地域

動物のちえ ❷
身を守るちえ とがった毛を逆立てるヤマアラシ ほか
2013年11月　1刷　2021年12月　5刷

編　著	ネイチャー・プロ編集室
発行者	今村正樹
発行所	株式会社 偕成社 〒162-8450　東京都新宿区市谷砂土原町3-5 ☎（編集）03-3260-3229　（販売）03-3260-3221 http://www.kaiseisha.co.jp/
印　刷	大日本印刷株式会社
製　本	東京美術紙工

© 2013 Nature Editors
Published by KAISEI-SHA, Ichigaya Tokyo 162-8450
Printed in Japan
ISBN978-4-03-414620-0
NDC481　40p.　28cm

※落丁・乱丁本は、おとりかえいたします。
本のご注文は電話・ファックスまたはEメールでお受けしています。
Tel: 03-3260-3221　Fax: 03-3260-3222　E-mail: sales@kaiseisha.co.jp